BEI GRIN MACHT SICH IHR WISSEN BEZAHLT

- Wir veröffentlichen Ihre Hausarbeit,
  Bachelor- und Masterarbeit

- Ihr eigenes eBook und Buch -
  weltweit in allen wichtigen Shops

- Verdienen Sie an jedem Verkauf

Jetzt bei www.GRIN.com hochladen
und kostenlos publizieren

Kompetenzvermittlung im Geografieunterricht in Bezug auf die Themenbereiche Digitalisierung und Nachhaltigkeit

Lena Santos

Bibliografische Information der Deutschen Nationalbibliothek:

Die Deutsche Nationalbibliothek verzeichnet diese Publikation in der Deutschen Nationalbibliografie; detaillierte bibliografische Daten sind im Internet über http://dnb.d-nb.de abrufbar.

ISBN: 9783346899699
Dieses Buch ist auch als E-Book erhältlich.

© GRIN Publishing GmbH
Trappentreustraße 1
80339 München

Druck und Bindung: Books on Demand GmbH, Norderstedt Germany
Gedruckt auf säurefreiem Papier aus verantwortungsvollen Quellen

Das vorliegende Werk wurde sorgfältig erarbeitet. Dennoch übernehmen Autoren und Verlag für die Richtigkeit von Angaben, Hinweisen, Links und Ratschlägen sowie eventuelle Druckfehler keine Haftung.

Das Buch bei GRIN: https://www.grin.com/document/1367755

Kompetenzvermittlung im Geographie-unterricht in Bezug auf die Themenbereiche reiche

Digitalisierung und Nachhaltigkeit

Inhaltsverzeichnis

1. Einleitung 1

2. Digitalisierung 2

3. Nachhaltigkeit 5

4. Verhältnis der beiden Prinzipien 7

    4.1 Verortung im Kernlehrplan 7

    4.2 kooperatives Verhältnis 9

    4.3 konkurrierendes Verhältnis 12

    4.4 abwägende Entscheidung 14

5. Fazit 16

Literaturverzeichnis 18

1. Einleitung

„Ein Freund der Erde ist ein Feind der Digitalisierung" (T.C. Boyle). Das vorangegangene Zitat verdeutlicht das Spannungsverhältnis, welches heutzutage in Bezug auf die Digitalisierung und den Erhalt der Erde besteht. Bei der Auseinandersetzung mit dem Thema Nachhaltigkeit scheint die derzeitige Digitalisierung zunächst wenig kompatibel zu sein. Dennoch ist die zunehmende Technologieentwicklung ein Teil der Realität und nicht mehr aufzuhalten. Gleichzeitig ist die Welt einem ständigen Wandel ausgesetzt und besonders im Bereich des Digitalen sind zukünftig weitere Entwicklungen zu erwarten, die einem ständigen Verbesserungsprozess unterliegen. Aus diesem Grund ist eine der größten Aufgaben der Menschheit, beide Entwicklungsrichtungen miteinander zu vereinen, sodass die Ökologie keine bleibenden Schäden davon trägt und die Technologieentwicklung dennoch soweit voranschreiten kann, wie es heutzutage notwendig ist. Außerdem hat die Digitalisierung bei bedachtem Einsatz das Potential, die Grundlage für eine nachhaltige(re) Lebens- und Wirtschaftsweise zu werden, die das Ökosystem schützt.

Bezogen auf den Kontext Schule stellt sich demnach die Frage, welche Kompetenzen Schülerinnen und Schülern vermittelt werden müssen, sodass sie den Chancen und Herausforderungen der Digitalisierung unter Berücksichtigung des Aspekts der Nachhaltigkeit in ihrem Alltag verantwortungsbewusst begegnen (können). Dafür ist von großer Bedeutung, dass sowohl die positiven, als auch die negativen Seiten der Digitalisierung unter dem Aspekt der Nachhaltigkeit beleuchtet werden, damit Schülerinnen und Schüler anhand von individuellen Abwägungen handlungsorientierte Kompetenzen erlangen, die sie befähigen, ihren Alltag verantwortungsvoll zu gestalten.

Die Kernlehrpläne, die in Nordrhein-Westfalen die primäre Orientierung für den Unterricht darstellen, thematisieren beide Aspekte und geben darüber hinaus vor, welche konkreten Kompetenzen von Schülerinnen und Schülern in Bezug auf die genannten Inhaltsfelder, aber auch themenübergreifend, erlangt werden sollen. Innerhalb der Gesellschaftswissenschaften ist das Fach Geographie für die Etablierung raumbezogener Handlungskompetenzen zuständig. Schülerinnen und Schüler müssen „die Ziele einer selbstbestimmten gesellschaftlichen Partizipation mündiger Bürgerinnen und Bürger" (Engagement Global, 2018, S. 5f.) innerhalb des schulischen Kontexts in den Blick nehmen und auf Grundlage dessen Handlungskompetenzen etablieren. Die Arbeit wird auf Grundlage der isolierten Kompetenzanforderungen einen übergeordneten Ausblick geben, ob und inwiefern Schülerinnen und Schüler die beiden Thematiken miteinander kombinieren und anschließend innerhalb ihres eigenen Lebens anwenden können. Besonders wichtig ist dabei die Herstellung eines Lebensweltbezugs sowie das Aufzeigen der Aktualität der Thematik, da Schülerinnen und Schüler die Entwicklungen ebenfalls in den Nachrichten oder im privaten Kontext verfolgen können und somit ihre eigenen Ideen und Fragen in den Unterricht einbinden können. Außerdem erkennen Schülerinnen und Schüler durch das Aufzeigen der Aktualität dieses Spannungsverhältnisses die Dringlichkeit der Auseinandersetzung mit dem Verhältnis beider Entwicklungsrichtungen.

Zu Beginn der Arbeit wird zunächst theoretisch auf Digitalisierung (2.) sowie auf Nachhaltigkeit (3.) eingegangen. Im Anschluss folgt eine Auseinandersetzung mit dem Verhältnis der beiden Bereiche zueinander (4.), indem zunächst die Seiten eines kooperativen Verhältnisses (4.1) und anschließend die eines konkurrierenden Verhältnisses (4.2) beleuchtet werden. Daran anschließend folgt eine abwägende Entscheidung in Bezug auf die Fragestellung, welche Kompetenzen im Geographieunterricht vermittelt werden müssen, damit Schülerinnen und Schüler die Chancen sowie Herausforderungen der Digitalisierung unter Berücksichtigung des Aspekts der Nachhaltigkeit in ihrem Alltag verantwortungsbewusst begegnen können (4.3). Die Arbeit schließt mit einem Fazit ab, welches die gelieferten Erkenntnisse zusammenfasst (5.).

2. Digitalisierung

Die digitale Bildung ist mehr als nur der Einsatz digitaler Medien im Unterricht, dennoch ist auch die Nutzung und Bedienung dieser Geräte, wie beispielsweise Smartboards, ein Bestandteil der Kompetenzen, die Schülerinnen und Schüler erlangen sollen. Die Entwicklungen im Bereich des Digitalen sind schneller als die Anpassung der Lehrpläne, sodass dieser Themenbereich häufig zu wenig Raum einnimmt. Der „Erwerb von Kenntnissen, Kompetenzen und Fähigkeiten für ein selbstständiges mündiges Leben in einer digitalen Welt" (Kultusministerkonferenz, 2017, S. 11) steht im Bereich des digitalen Lernens im Vordergrund, ebenso wie der „Erwerb von Grundlagenwissen zur Bewältigung gesellschaftlicher Schlüsselprobleme" (vgl. BMBF, o.D.). Hinsichtlich der Umsetzung der beiden Forderungen ist das Zusammenspiel vieler Faktoren entscheidend. Einerseits müssen die Kenntnisse, Kompetenzen und Fähigkeiten fortlaufend an die aufkommenden Veränderungen angepasst werden, andererseits müssen die Organisations-, Personal- und Unterrichtsentwicklungen dahingehend aufeinander abgestimmt werden, dass die nötigen Voraussetzungen für die Bildung nachhaltiger

Entwicklung, als auch die digitale Bildung gewährleistet werden können (vgl. Stilz et al., 2021, S. 211). Kreatives Denken, Problemlösen und Handeln sowie Kommunikation und Kollaboration werden von der Kultusminister Konferenz als wichtige Bausteine in Bezug auf die Bildung in der digitalen Welt genannt (vgl. Stilz et al., 2021, S. 211; Kultusministerkonferenz, 2017). Daher sollte Lernen handlungsorientiert umgesetzt werden, damit Schülerinnen und Schüler ihr Wissen auf sich ständig verändernde Kontexte transferieren können (vgl. Stilz et al., 2021, S. 211).

„[I]nsbesondere der industriell geprägte Lebensstil [hat] durch hohen Pro-Kopf-Verbrauch von Materialien, Emissionen und Energie massive negative Auswirkungen auf natürliche Umwelten und Prozesse" (Schmidt-Dietrich, 2020, S. 141), da aufgrund des stetig steigenden Konsums die endlichen Ressourcen maximal ausgeschöpft werden. Im Zuge des Voranschreitens der Digitalisierung ist zudem zu berücksichtigen, dass „digitale Prozesse […] gesellschaftliche Normen und Werte [verschieben sowie] […] Kommunikationswege und zukünftige Arbeitsfelder [verändern]" (Schmidt-Dietrich, 2020, S. 143) werden. Auf diese Verschiebung im Bereich der Gesellschaft und der Wirtschaft müssen Schülerinnen und Schüler vorbereitet werden.

Darüber hinaus bedarf die Verwendung digitaler Medien im Unterricht „ein hohes Maß an Einsatz und Mut zu Veränderungen" (Schmidt-Dietrich, 2020, S. 144) sowohl von Seiten der Lehrerschaft, als auch von Seiten der Schülerschaft. Bei genauerer Betrachtung der Bereitschaft zur Nutzung digitaler Medien wird besonders in Nordrhein-Westfalen deutlich, dass viele Lehrkräfte wenig bis kaum engagiert sind, digitale Medien in ihren Unterricht einzubinden. Die Studie ICILS 2018-NRW ist eine durch das Ministerium für Schule und Bildung geförderte Studie mit dem Schwerpunkt auf der medialen Ausstattung von Schulen in Nordrhein-Westfalen und im internationalen Vergleich. Das Ziel der Studie war die Ermittlung computer- und inlformationsbezogener Kompetenzen sowie die Erfassung der schulischen Rahmbedingungen des Kompetenzerwerbs. Die Auswertung der Studie verdeutlicht, dass Nordrhein-Westfalen im internationalen Vergleich auf dem letzten Platz in Bezug auf die Priorisierung des Einsatzes digitaler Medien im Unterricht liegt und dass der Großteil der Lehrkräfte in Nordrhein-Westfalen der Annahme zustimmt, dass der Einsatz digitaler Medien das Lerninteresse der Schülerinnen und Schüler steigert (81.4%), jedoch lediglich ein geringerer Teil davon überzeugt ist, dass der Einsatz zur Verbesserung schulischer Leistungen beiträgt (36.7%). Anhand der genannten Zahlen wird deutlich, dass die Unsicherheit auf Seiten der Lehrkräfte ein gegenwärtiges Problem darstellt, weil dadurch eine

Ausbildung digitaler Kompetenzen bei den Schülerinnen und Schülern begrenzt beziehungsweise verhindert wird. Die Aufgabe der Lehrkräfte ist sowohl „die Vermittlung von Medienkompetenz im Umgang mit digitaler Technik als auch die Reflexion über Chancen und Risiken der Mediennutzung und des sinnvollen Einsatzes der Technik" (Schmidt-Dietrich, 2020, S. 144). Das Ziel der digitalen Bildung ist die Entwicklung von Kompetenzen bei Schülerinnen und Schülern auf Grundlage derer sie fundiert entscheiden können, in welchen Situationen welches Medium die benötigten Informationen am verlässlichsten bereitstellen kann. Dafür ist ein breites Repertoire an Medienwissen auf Seiten der Schülerinnen und Schüler sowie eine gewissen Flexibilität notwendig, damit sie kontextabhängig sinnvolle Entscheidungen treffen (können).

In Zukunft werden weitere Themenfelder im Bereich der Digitalisierung für den schulischen Kontext wichtig werden, die bereits zum aktuellen Zeitpunkt in anderen Bereichen eingesetzt werden. Informationsbrillen, die bei der Auseinandersetzung mit der Thematik der Augmented-Reality zum Einsatz kommen, „werden ebenfalls massive Auswirkungen haben" (Schmidt-Dietrich, 2020, S. 146), da die Träger dieser Brillen die Umwelt durch eine Erweiterung von Online-Informationen wahrnehmen können, was in Zukunft dazu führen könnte, dass persönliche Daten, wie beispielsweise der Wohnort oder das Alter eines jeden Individuums durch Informationsbrillen eingesehen werden können. Das kann zudem zu einer sozialen Isolation führen, wenn alle Menschen in ihrer eigenen virtuellen Welt leben, was „deren Umgang und Kommunikation massiv verändern" (Schmidt-Dietrich, 2020, S. 146) wird. Hierbei ist eine Sensibilisierung der Schülerinnen und Schüler notwendig, indem Kenntnisse über die Regelungen des Datenschutzes sowie mögliche Gefahren in Bezug auf eine soziale Isolation vermittelt werden. Gleichzeitig eröffnen sich durch die Nutzung solcher Wearables neue Möglichkeiten, indem zum Beispiel virtuell Länder bereist oder bei einem Stadtrundgang durch eine fremde Stadt „Informationen und Videos zu einzelnen Bauwerken und deren Geschichte oder Hinweise zum nächsten gut bewerteten Restaurant" (Schmidt-Dietrich, 2020, S. 146) angezeigt werden können.

Anhand der skizzierten Entwicklungen kann von der Etablierung einer „digitalen Kultur" (Schmidt-Dietrich, 2020, S. 148) gesprochen werden, die zu einer Veränderung der individuellen und gesellschaftlichen Identität führt. Die digitalen Hilfsmittel werden zunehmend selbstverständlich verwendet, weshalb diesbezüglich eine kritische Reflexion innerhalb des Unterrichts notwendig ist, damit Schülerinnen und Schüler lernen, „'gute' Entscheidungen" (Schmidt-Dietrich, 2020, S. 151) treffen zu können. Das Ziel ist dabei eine „(selbst-)kritische […] Auseinandersetzung mit der Thematik und Mündigkeit des Einzelnen für das eigene Leben und im Hinblick auf seine gesellschaftliche Rolle" (Schmidt-Dietrich, 2020, S. 151).

3. Nachhaltigkeit

Die Nachhaltigkeit kann auf ökonomischer, ökologischer sowie sozialer Ebene betrachtet werden. Ökonomische Nachhaltigkeit bezieht sich auf die Unternehmen, die nicht ausschließlich die Gewinne bei der Entscheidungsfindung berücksichtigen, während ökologische Nachhaltigkeit den Erhalt der Erde und der natürlichen Ressourcen fokussiert und soziale Nachhaltigkeit sich auf die Lebensqualität der Menschen sowie die Generationsgerechtigkeit bezieht (vgl. Blien, 2020, S. 35). Im Sinne einer sozialen Nachhaltigkeit muss die ökologische Ebene im Besonderen beachtet werden, damit die folgenden Generationen keine Nachteile aufgrund der derzeitigen Inanspruchnahme von Ressourcen erfahren.

Bildung für nachhaltige Entwicklung (BNE) ist „eine Bildung, die Menschen zu zukunftsfähigem Denken und Handeln befähigt" (BNE Portal) und dazu führt, dass jeder Mensch das eigene Handeln reflektieren sowie die Auswirkungen auf die (Um)Welt verstehen kann (vgl. BNE Portal). Eine „Bildung für eine nachhaltige Entwicklung zielt gleichermaßen auf individuelles und gesellschaftliches Lernen" (Stoltenberg et al., 2020, S. 49) ab. Insbesondere geht es um die Entfaltung eines jeden Menschen im Einklang mit den planetaren Grenzen. Bildung für nachhaltige Entwicklung ist ebenfalls eine wichtige Grundlage für die Förderung der Agenda 2030. Die Aspekte „[d]ifferenziertes Lernen, fächerübergreifende und -verbindende Ansätze, systemische Herangehensweisen, Partizipation der Schülerinnen und Schüler" (BNE Portal) sind neben der Vermittlung wichtiger Inhalte ebenfalls Merkmale einer Bildung für nachhaltige Entwicklung, welche die Handlungskompetenz fördern, indem Prinzipien einer nachhaltigen Entwicklung erfahrbar gemacht werden (vgl. BNE Portal). Besonders die Partizipation führt zu einem Verantwortungsbewusstsein bei den Schülerinnen und Schülern, da sie die jüngeren Generationen sind, die sich aktiv an der Gestaltung der Gegenwart sowie der Zukunft beteiligen können und müssen (vgl. BNE Portal). Außerschulisches Lernen im Bereich der Bildung für nachhaltige Entwicklung durch lokale Kooperationspartner bietet darüber hinaus die Möglichkeit, dass Schülerinnen und Schüler ihr inhaltliches Wissen vertiefen und den Lebensweltbezug erkennen können (vgl. BNE Portal). Maßnahmen innerhalb des Kontexts Schule „sollten auch daraufhin ausgewählt werden, schulisches Lernen und Handeln zu verknüpfen, das heißt Schulen dabei zu unterstützen, zu nachhaltig handelnden Einrichtungen zu werden" (vgl. BNE Portal). Diese Forderung meint, dass neben deklarativem Wissen über notwendiges, nachhaltiges Handeln auch die Handlungen innerhalb der Institution Schule selbst nach dem Grundsatz der Nachhaltigkeit ausgerichtet sein sollen.

Unter anderem ist der Thematik der Nachhaltigkeit ein hoher Stellenwert zugeschrieben, da die „Menschheit [...] 1,8 Erden [bräuchte], um ihr aktuelles Konsumniveau dauerhaft aufrechterhalten zu können, Tendenz steigend" (Unnerstall, 2021, S. 1). Den Großteil des Ressourcenverbrauchs verursachen CO_2-Emissionen, da ohne die Hinzunahme dieser Angaben, die Menschheit das Ressourcenniveau unterschreiten würde (vgl. Unnerstall, 2021, S. 3f.). Dass die CO_2-Emissionen grundlegend für das Voranschreiten des Klimawandels verantwortlich sind, zeigt sich auch innerhalb der gesellschaftlich-politischen Diskussionen der letzten Jahre, die sich vorrangig mit dem Klimawandel auseinandersetzen und zu dem Ergebnis kommen, dass „der Klimawandel [...] eine absolut ernste, sehr dringende Herausforderung für die Menschheit" (vgl. Unnerstall, 2021, S. 5) darstellt. Ebenso haben der „Umweltschutz und erst recht Klimaschutz [...] in der weltweiten Perspektive noch immer nicht den Stellenwert, den sie brauchen" (Unnerstall, 2021, S, 48). Für den Aufbau eines Nachhaltigkeitsverständnisses sind neben deklarativem Wissen und dem Wissen darüber, auf welchem Weg ‚gutes' Wissen angeeignet werden kann, auch die gleiche Chance zur Teilhabe an diesem Wissen für jedes Individuum von Bedeutung, damit eine „nachhaltige Entwicklung der Gesellschaft" (Wanning, 2019, S. 308) erzielt werden kann.

Im Kontext des schulischen Lernens kann von einem Zusammenhang zwischen Bildung und Nachhaltigkeit ausgegangen werden, da der Mensch „zu einem Teil der Lösung" (Wanning, 2019, S. 295) „und nicht ausschließlich zur Ursache des Problems" (Wanning, 2019, S. 295) gemacht wird. Hierbei ist ebenfalls das lebenslange Lernen bedeutsam, da Belange der nachhaltigen Entwicklung langfristig geplant und ausgeführt werden müssen. Die Vermittlung von Verantwortungsbewusstsein für den Erhalt der Umwelt stellt innerhalb der Schule eine wichtige Aufgabe dar, „wobei die Aspekte ‚Entscheidungsfähigkeit' und ‚Handeln' besonders betont werden" (Wanning, 2019, S. 304). Innerhalb der Sekundarstufe II steht die Förderung des „forschende[n] Lernen[s] im Bereich BNE" (Wanning, 2019, S. 306) in Kombination mit der Handlungsorientierung im Vordergrund. Die Kompetenzen *Kritisches Denken, Kommunikation, Kollaboration* und *Kreativität* (vgl. NEA, 2012, S. 7) sind wichtige Bausteine dahingehend, dass

Schülerinnen und Schüler zukünftige Prozesse einschätzen und beurteilen können (vgl. Wanning, 2019, S. 308). Dabei sollte der Fokus außerdem auf der Sensibilisierung der Schülerinnen und Schüler liegen, dass die „planetarischen Grenzen unserer Erde" (Wanning, 2019, S. 308) in naher Zukunft überschritten sein werden, was die Existenz der Menschheit gefährden wird. Dennoch soll die Vermittlung über reines Sachwissen hinausgehen und die Einbindung in „einen interdisziplinären und diskursiven Kontext" (Wanning, 2019, S. 309) soll in den Vordergrund rücken, damit ein Nachdenken der Schülerinnen und Schüler über „gesellschaftliche Werte" (Wanning, 2019, S. 309) und gleichzeitig auch über Herausforderungen und Potentiale hinsichtlich der Verbindung zu digitaler Bildung angeregt werden kann.

4. Verhältnis der beiden Prinzipien

Die (selbst-)kritische Auseinandersetzung eines jeden Individuums mit der voranschreitenden Digitalisierung muss in Zukunft „viel stärker mit den Maßgaben der Nachhaltigkeit verbunden werden" (Schmidt-Dietrich, 2020, S. 151), damit das Ausmaß ökologischer und sozialer Probleme so gering wie möglich gehalten werden kann. Gleichzeitig können Belange der Nachhaltigkeit durch eine zunehmende Digitalisierung gefördert werden. Diese Binarität des kooperativen Verhältnisses auf der einen und des konkurrierenden Verhältnisses auf der anderen Seite wird im folgenden Kapitel diskutiert.

4.1 Verortung im Kernlehrplan

Die Digitalisierung ist im Kernlehrplan des Fachs Geographie für die Sekundarstufe I für Gymnasien in Nordrhein-Westfalen dem *Inhaltsfeld 10: Räumliche Strukturen unter dem Einfluss von Globalisierung und Digitalisierung* zuzuordnen. Dabei stehen vor allem „die Veränderungen der Standortgefüge im Zuge von Digitalisierung und weltweiter Arbeitsteilung" (Kernlehrplan, 2019, S. 16) im Vordergrund. Der Kernlehrplan fokussiert für das Inhaltsfeld 10 die Sach- sowie die Urteilskompetenz. Hinsichtlich der Sachkompetenz sollen die Schülerinnen und Schüler die aus „Globalisierung und Digitalisierung resultierende weltweite Arbeitsteilung" (Kernlehrplan, 2019, S. 32) darstellen, sowie „den durch Globalisierung und Digitalisierung bedingten wirtschaftsräumlichen Wandel" (Kernlehrplan, 2019, S. 32) analysieren können. In Bezug auf die Urteilskompetenz erweitert das Inhaltsfeld 10 die Fähigkeit von Schülerinnen und Schülern, Chancen und Risiken von „Globalisierung und Digitalisierung auf Standorte,

Unternehmen und Arbeitnehmer" (Kernlehrplan, 2019, S. 32) zu erörtern und die „raumwirksamen Auswirkungen von Digitalisierung für städtische und ländliche Räume" (Kernlehrplan, 2019, S. 32) zu bewerten. Anhand des Sachwissens, welches Schülerinnen und Schüler innerhalb der Auseinandersetzung mit dem Einfluss von Digitalisierung erlangen, sowie der erweiterten Urteilskompetenz hinsichtlich der Einordnung von raumbezogenen Auswirkungen der Digitalisierung, werden Schülerinnen und Schüler dazu befähigt, individuelle sowie kollektive Entscheidungen bewerten zu können. Aufgrund der Urteilskompetenz werden Schülerinnen und Schüler dazu angehalten, ihr Wissen innerhalb ihres eigenen Lebens umzusetzen und vor dem Hintergrund der kritischen Diskussionen bezüglich der Thematik bewusste Entscheidungen zu treffen. Schülerinnen und Schüler sind in der Lage, unterschiedliche Positionen innerhalb von Diskussionen im Hinblick auf raumbezogenen Konflikte einzunehmen sowie eigenständig erarbeitete Lösungsvorschläge für diese Konflikte zu entwickeln. Des Weiteren können sie mithilfe digitaler Medien die verschiedenen raumbezogenen Prozesse wahrnehmen (vgl. Kernlehrplan, 2019, S. 25).

Die Nachhaltigkeit ist zum einen im *Inhaltsfeld 6: Landwirtschaftliche Produktion in unterschiedlichen Landschaftszonen* zu verorten. Dabei geht es unter anderem um „die Beurteilung von Möglichkeiten und Grenzen landwirtschaftlicher Nutzung sowie [...] die Entwicklung von nachhaltigen Lösungsansätzen bzw. Handlungsoptionen" (Kernlehrplan, 2019, S. 15). Das Inhaltsfeld 6 fokussiert hinsichtlich der Urteilskompetenz die Erörterung von „Gestaltungsoptionen für ein nachhaltigeres Konsumverhalten" (Kernlehrplan, 2019, S. 28) sowie die mit anthropogenen Eingriffen „in geoökologische Kreisläufe verbundenen Chancen und Risiken" (Kernlehrplan, 2019, S. 28). Darüber hinaus liegt der Fokus auf der Beurteilung von „Maßnahmen zur Erhöhung der Nachhaltigkeit" (Kernlehrplan, 2019, S. 28). Zum anderen lässt sich die Thematik ebenfalls in *Inhaltsfeld 2: Räumliche Voraussetzungen und Auswirkungen des Tourismus* wiederfinden. Dabei wird auf die „positiven sozioökonomischen Veränderungen als auch [auf] [Raumnutzungskonflikte] und [...] einer Gefährdung des Naturraums" (Kernlehrplan, 2019, S. 14) eingegangen. Das zweite Inhaltsfeld konzentriert sich auf die Erörterung von Aspekten des Konflikts „zwischen ökonomischem Wachstum und nachhaltiger Entwicklung eines Touristenortes" (Kernlehrplan, 2019, S. 20) sowie auf die Beurteilung „positive[r] und negative[r] Auswirkungen einer touristischen Raumentwicklung" (Kernlehrplan, 2019, S. 20). Beide Inhaltsfelder erzielen durch die Stärkung der Urteilskompetenz die Entwicklung von Handlungskompetenz im Bereich der

Nachhaltigkeit. Schülerinnen und Schüler werden dazu animiert, in Raumnutzungs-konflikten unterschiedliche Standpunkte einzunehmen und diese vor dem Hintergrund der Nachhaltigkeit einzuordnen. Darüber hinaus lernen sie, ihr eigenes Reiseverhalten als (nicht) nachhaltig bewerten zu können und mittels digitaler Medien raumbezogene Prozesse wahrzunehmen (vgl. Kernlehrplan, 2019, S. 25).

4.2 kooperatives Verhältnis

Die beiden Themen Digitalisierung und Nachhaltigkeit können im Bildungsbereich mit-einander kombiniert werden, sodass Kompetenzen in beiden Bereichen erweitert wer-den können, die zukünftig immer wichtiger sein werden. Es handelt sich in beiden Fäl-len nicht um autonome Unterrichtsfächer, sondern um vielschichtige Konstrukte, die auch in „fächerübergreifenden Projekten und außerunterrichtlichen Aktivitäten" (Enga-gement Global, 2018, S. 5) den Schülerinnen und Schülern vermittelt werden müssen. Die Schnittstelle beider Themenbereiche ist die Konfrontation mit „aktuelle[n] und zu-künftige[n] globale[n] Herausforderungen" (Engagement Global, 2018, S. 5).

Die Voraussetzung für effektives Lernen im Bereich des Digitalen ist die Bereitstellung von digitalen Endgeräten seitens der Schule für alle Schülerinnen und Schüler sowie ein kompetenter Umgang der Schülerinnen und Schüler mit den Geräten beispiels-weise hinsichtlich des Datenschutzes und der adäquaten Recherche. Digitale Medien bieten unter anderem die Möglichkeit, Nachhaltigkeit in unterschiedlichen Bereichen erfahrbar zu machen. Die Teilnahme an digitalen Konferenzen, die zum Thema Nach-haltigkeit auf lokaler oder globaler Ebene gehalten werden, bietet zum einen eine Er-weiterung der Sachkompetenz in diesem Bereich, da die Vorträge in den meisten Fäl-len von Expertinnen und Experten gehalten werden. Zum anderen wird Schülerinnen und Schülern in einer anschließenden Diskussion die Möglichkeit geboten, selbst Stel-lung zum Thema zu beziehen und die Beiträge der anderen kritisch zu bewerten. Durch die regelmäßige Teilnahme an Onlinekonferenzen kann darüber hinaus die Urteils-kompetenz verbessert werden, da Schülerinnen und Schüler teilweise mit Meinungen konfrontiert werden, die nicht ihrem eigenen Standpunkt entsprechen, weshalb sie ler-nen, ihre eigene Position fundiert und überzeugend zu vertreten (vgl. Kühnert, 2020, o.S.).

Ein weiterer Aspekt ist der Umgang mit Nachrichten im Fernseher oder informativen YouTube-Videos, in denen einige der in der Agenda 2030 angesprochenen Problema-tiken, unter anderem Hunger, Armut, Biodiversitätsverlust oder der Klimawandel angesprochen werden (vgl. Kühnert, 2020, o.S.). Demzufolge können digitale Medien für die Informationsbeschaffung sowie den Informationsaustausch verwendet werden, weil beispielsweise in Foren oder in Programmen wie *Padlet* die Möglichkeit vorhanden ist, seine Gedanken und Standpunkte zu den Meinungen anderer beizutragen. Darüber hinaus ist die Teilnahme an Petitionen hinsichtlich einer nachhaltige(re)n Entwicklung über das Internet möglich, wodurch die Barrieren, sich für ökologische Themen zu engagieren, geringer ausfallen. Auf gleichem Wege kommt es zu einer schnelleren Verbreitung von Aktionen wie beispielsweise der Klimabewegung *Fridays for future*, da soziale Netzwerke das Potential bieten, innerhalb kürzester Zeit viele Menschen gleichzeitig erreichen zu können. Schulen können darüber hinaus auf der schuleigenen Homepage ihre nachhaltigen Projekte vorstellen, wie zum Beispiel den Schulgarten oder plastikfrei Tage, sodass andere Schulen auf die Aktionen aufmerksam werden und ebenfalls motiviert sind, sich für eine nachhaltige Entwicklung einzusetzen. Zudem bieten zahlreiche Apps oder E-Learning-Programme den Schülerinnen und Schülern die Möglichkeit, sich auf eine spielerische Art und Weise mit dem Themengebiet der Nachhaltigkeit auseinanderzusetzten. Im Zuge der Zunahme von Virtual- und Augmented-Reality ist außerdem viel Potential in Bezug auf Apps vorhanden, welche die reale Umgebung durch Animationen sowie Informationen erweitert darstellen. Eine weitere Möglichkeit bietet in diesem Zuge das Programm *ArcGis*, mithilfe dessen über die Option *Survey123* eine Umfrage erstellt werden kann und anschließend über den Menüpunkt *StoryMap* eine Darstellung generiert werden, auf welcher die wichtigsten Ergebnisse der Umfrage graphisch sowie in Form kurzer Texte visualisiert werden. Die Umfrage könnte sich beispielsweise auf den Stellenwert von Nachhaltigkeit im alltäglichen Leben der Teilnehmenden beziehen. Mithilfe einer digitalen Umfrage und einer anschließenden digitalen Darstellung der relevantesten Ergebnisse können die beiden Bereiche der Digitalisierung und der Nachhaltigkeit innerhalb des Unterrichts, beispielsweise in Form einer Projektarbeit, kombiniert werden.

Im Sustainable Development Goal (SDG) 8 wird ein „dauerhaftes, breitenwirksames und nachhaltiges Wirtschaftswachstum" (von Hauff, 2020, S. 21) gefordert. Im SDG 9 wird gefordert, „eine breitenwirksame und nachhaltige Industrialisierung [zu] fördern und Innovationen [zu] unterstützen" (von Hauff, 2020, S. 21), wobei die Digitalisierung besonders im Rahmen von Industrie 4.0 ebenfalls einen Beitrag zu einem „nachhaltigen Wachstum" (von Hauff, 2020, S. 21) leistet, aber auch zur Förderung von Innovationen beiträgt. Die Transformation von analogen zu digitalen Medien, wie beispielsweise Streamingdiensten und E-Books anstelle von DVDs und Büchern führt zu einer enormen Einsparung von Ressourcen und Materialien bei der Produktion. Gleiches gilt für Videokonferenzen, die dafür sorgen, dass weite Anfahrtswege der Teilnehmenden und die damit verbundenen CO_2-Ausstöße minimiert werden können (vgl. Schmidt-Dietrich, 2020, S. 152). Darüber hinaus hat der technische Fortschritt dazu beigetragen, dass die Geräte energieeffizienter und intelligenter geworden sind, sodass Funktionen, die noch vor einigen Jahren von unterschiedlichen Geräten übernommen wurden, heutzutage innerhalb eines Geräts vorhanden sind. Auch im Zuge der Coronapandemie hat sich das Potential der digitalen Lehre herausgestellt (vgl. Schmidt-Dietrich, 2020, S. 152).

Einen weiteren Vorteil bietet die Digitalisierung in Bezug auf die Nachhaltigkeit im Bereich des Wohnens, da aufgrund von intelligenten Systemen „im Bereich Heizung und Kühlung bis zu 40% und im Bereich der Beleuchtung sogar bis zu 80% Energieeinsparungen vorgenommen werden" (Schmidt-Dietrich, 2020, S. 152f.). Das ist auf SmartHome-Steuerungen zurückzuführen, die eine verringerte Ressourceninanspruchnahme verursachen, da beispielsweise die heimische Heizung bei Abwesenheit der Eigentümer nicht dauerhaft eingeschaltet sein muss, sondern von unterwegs aus gesteuert werden kann (vgl. Blien, 2020, S. 36).

Außerdem trägt die digitale Vernetzung der Menschen untereinander dazu bei, dass wichtige Themen hinsichtlich der Nachhaltigkeit schneller verbreitet werden können und beispielsweise Informationen zur Regionalität oder Saisonalität von Produkten, als auch zu möglichen Fahrgemeinschaften (z.B. *Uber*) innerhalb kürzester Zeit abgerufen werden können (vgl. Schmidt-Dietrich, 2020, S. 153). Zudem gibt es weitere Projekte, wie beispielsweise *Google Loon*, mit denen „durch digitale Produkte und Prozesse effizientere Alternativen zu den analogen Gegebenheiten geschaffen werden können" (Schmidt-Dietrich, 2020, S. 153f.).

Das Internet bietet darüber hinaus die Möglichkeit, dass sich jedes Individuum tendenziell über jedes Thema informieren kann, da Themenbereiche in unterschiedlichen Niveaustufen verfügbar sind und somit unterschiedliche Wissensstufen über einen Themenkomplex möglich sind (vgl. Schmidt-Dietrich, 2020, S. 160). Der Zugang zu (binnendifferenzierten) Wissensquellen war durch das Internet „noch nie so einfach wie heute" (Schmidt-Dietrich, 2020, S. 160). Innerhalb der letzten Jahre ist außerdem eine „immense Ressourcenersparnis" (Blien, 2020, S. 36) zu verzeichnen, da es beispielsweise durch das Onlinelexikon *Wikipedia* zu einer „Verlagerung der

Nachschlagewerke von der ‚realen' auf die ‚virtuelle' Ebene" (Blien, 2020, S. 36) kam und daher keine Ressourcen für die Produktion dieses weit verbreiteten Lexikons benötigt wurden. Ein weiterer Vorteil ist hierbei die Möglichkeit, von überall auf das Nachschlagewerk zugreifen zu können und darüber hinaus Angaben zu weiteren Literaturvorschlägen zur Verfügung zu haben (vgl. Blien, 2020, S. 36). Aus diesem Grund muss die Didaktik angepasst werden, sodass Schülerinnen und Schüler einen kompetenten Umgang mit digitalen Wissensquellen erlernen, um entscheiden zu können, welche Informationen relevant und fundiert sind und bei welchen Beiträgen es sich beispielsweise um Fakenews beziehungsweise um nicht vertrauenswürdige Quellen handelt.

In Zukunft wird sich „Strom als zentrale Ressource und Antriebskraft unserer Wirtschaft und Gesellschaft" (Lange et al., 2018, S. 34) herausstellen, da der zunehmende Wandel von analogen zu digitalen Nutzungsmöglichkeiten weiter voranschreitet. Im Zuge dessen wird der Umstieg auf erneuerbare Energien zunehmend bedeutsamer (vgl. Lange et al., 2018, S. 34). Das Erneuerbare Energien Gesetz sieht dafür bis 2030 einen Anteil von 65% erneuerbarer Energien an der Bruttostromerzeugung und bis 2050 eine treibhausgasneutrale Energieversorgung vor, allerdings steht dort nicht explizit, dass die Stromerzeugung dann ausschließlich aus erneuerbaren Energien bestehen soll (vgl. Bundesministerium der Justiz). Eine wichtige Rolle bei der Energiewende spielt die Digitalisierung, da sie dazu beiträgt, dass die Energienachfrage an das Angebot angepasst werden kann, indem eine dezentrale Energieversorgung angestrebt wird und Speichersysteme die überschüssige Energie in nachfragearmen Zeiten für die Abgabe bei aufkommender Spitzenlast speichern können. Dafür müssen die Systeme intelligent programmiert werden, was durch den Einsatz von digitalen Systemen möglich wird (vgl. Lange et al., 2018, S. 36).

4.3 konkurrierendes Verhältnis

Für die Herstellung digitaler Geräte werden neben Materialien und Ressourcen auch eine enorme Menge Energie benötigt, welche die Energiemenge bei der Nutzung dieser Geräte um ein Vielfaches übersteigt (vgl. Schmidt-Dietrich, 2020, S. 152). Der Ausbau einer funktionierenden Infrastruktur führt zu einem enormen Ressourcenverbrauch, der kritisch zu betrachten ist. Unter anderem werden Materialien für die Produktion von Geräten, als auch eine enorme Menge an Energie für die Nutzung dieser benötigt (vgl. von Hauff et al., 2020, S. 8). Aus der Sicht der Nachhaltigkeit ist die Produktion digitaler Geräte demnach problematisch zu betrachten. Besonders aufgrund der Tatsache, dass derzeit keine „Recyclingkonzepte oder Kreislaufwirtschaftssysteme" (Schmidt-Dietrich, 2020, S. 152) vorliegen, welche Umweltschäden verhindern könnten. Insbesondere der Rebound Effekt ist nicht zu unterschätzen, da die Nutzung von Medien durch den Umstieg von analogen zu digitalen Geräten „so viel einfacherer, schneller und oft auch günstiger wird" (Lange et al., 2018, S.33), ist der Konsum deutlich angestiegen, sodass sich ein „ökologisches Nullsummenspiel" (Lange et al., 2018, S. 33) zwischen der Nutzung analoger und digitaler Geräte ergibt. Die Ersparnis von Ressourcen in Bezug auf die Produktion wird durch die Nutzung der Geräte wieder eingeholt, weshalb die Digitalisierung „keine Verbesserung" (Schmidt-Dietrich, 2020, S. 144) sondern eine Verlagerung von Materialnutzung innerhalb des Prozesses von der Herstellung bis zur Nutzung verursacht.

Der Wissenschaftliche Beirat der Bundesregierung (WBGU) fordert, „dass die Digitalisierung so gestaltet werden muss, dass sie als Hebel und Unterstützung für die große Transformation zur Nachhaltigkeit dient und mit ihr synchronisiert werden kann (vgl. WBGU, 2019, S. 1). Der Rebound-Effekt wird größer sein als die erhofften Recylingeffekte (vgl. von Hauff et al., 2020, S. 9). „Digitalisierungsprozesse [wirken] heute eher als Brandbeschleuniger der bestehenden, nicht nachhaltigen Trends durch die Übernutzung natürlicher Ressourcen und wachsender sozialer Ungleichheit in vielen Ländern" (von Hauff et al., 2020, S. 10). Dabei wird deutlich, dass manche Länder Vor- und manche Länder Nachteile hinsichtlich einer nachhaltigen Entwicklung aufgrund der Digitalisierung erfahren werden.

Bezogen auf den Kontext Schule und Lehr-Lern-Situationen ist der Nachteil zu berücksichtigen, dass der Einsatz digitaler Medien meist „ohne über den echten Mehrwert zwischen analog und digital nachzudenken" (Schmidt-Dietrich, 2020, S. 155) erfolgt. Im Zuge der Coronapandemie wurden dabei auch die Schwächen der digitalen Lehr-Lern-Möglichkeiten ersichtlich. Die Bildungsgerechtigkeit wurde dabei aufgrund des *digital gap*, also der unterschiedlichen Zugänge und Kompetenzen im Bereich des Digitalen während der Pandemie eingeschränkt. Der Zugang zu Bildung innerhalb des Homeschoolings war ungleich aufgrund der Abhängigkeit von den (finanziellen und technischen) Möglichkeiten der Familien. Zur Kenntnis genommen werden muss, dass es „derzeit eine Situation gibt, in der der Zugang zu und der kompetente Umgang mit digitalen Medien sehr ungleich verteilt sind" (van Ackeren et al., 2020, S. 247). Eine „Erweiterung des *DigitalPakt Schule*" (van Ackeren et al., 2020, S. 247) ist daher notwendig, weil sowohl die Ausbildung der Lehrkräfte, die Ausstattung von Schulen und der gesamten Schülerschaft mit digitalen Geräten sowie die Entwicklung schulbezogener Programme die Grundlage dafür sind, dass digitales Lernen gewinnbringend umgesetzt werden kann.

Deklaratives Wissen ist ohne die Bereitschaft, sich für „die richtigen Ziele und ebenfalls entsprechendes Handeln" (Schmidt-Dietrich, 2020, S. 161) einzusetzen wenig hilfreich. „Gerechtigkeit und Ökologie - beide Ziele sind zentral und müssen gleichrangig miteinander verschränkt werden" (Lange et al., 2018, S. 8f.), weil sowohl die Zerstörung der Umwelt zu sozialen Konflikten, wie Arbeitsplatzverlust, Kriege oder Migration führt, als auch eine soziale Ungerechtigkeit die Bereitschaft nachhaltige Alternativen umzusetzen minimiert (vgl. Lange et al., 2018, S. 9), sie bedingen sich gegenseitig und sind die Voraussetzung dafür, dass das jeweils andere Ziel erreich werden kann. Soziale Gerechtigkeit ist notwendig, damit alle Menschen die Möglichkeit haben, am gesellschaftlichen Leben teilzunehmen. Die Kommunikation ist durch Digitalisierung leichter, allerdings kommt es dadurch auch zu sozialer Isolation, da zu bestimmten Themen und Zeitpunkte geplant etwas gesagt werden kann (vgl. Stoltenberg et al., 2020, S. 51). Ein Kriterium stellt dabei der Zugang zur digitalen Welt dar, der nicht allen Menschen gewährleistet ist, was wiederum auf soziale Ungleichheit sowie Ungerechtigkeit zurückzuführen ist (vgl. Lange et al., 2018, S. 9). Digitalisierung ist schnelllebig, die Belange der Umwelt müssen aber mit langfristigen Strategien behandelt werden (vgl. Stoltenberg et al., 2020, S. 51). Demzufolge müssen digitale Entwicklungen in Kombination mit ihren langfristigen Auswirkungen gedacht werden. Dabei müssen auch „Sollbruchstellen" (Lange et al., 2018, S. 28) mitbedacht werden, welche dazu führen, dass digitale Endgeräte, wie Smartphones eine geringe Lebensdauer besitzen, damit die wirtschaftlichen Gewinne gesteigert werden können. Darüber hinaus fördert die Digitalisierung einen Kontrollverlust des Individuums, da die Verbreitung persönlicher Daten schneller umgesetzt werden kann (vgl. Stoltenberg et al., 2020, S. 50). Zunehmende gesellschaftliche Konflikte hemmen eine ganzheitliche gesellschaftliche Entwicklung „in Richtung Nachhaltigkeit" (Lange et al., 2018, S. 10).

4.4 abwägende Entscheidung

Die beiden vorangegangenen Abschnitte haben sowohl das kooperative als auch das konkurrierende Verhältnis von digitaler Bildung sowie von Bildung nachhaltiger Entwicklung skizziert. Im Folgenden wird abwägend zusammengefasst, welches der beiden Verhältnisse im Bereich auf die Schule überwiegt.

Eine entscheidende Rolle bei der Umsetzung beider Entwicklungstendenzen spielen die Lehrkräfte, die im Hinblick auf die ‚Große Transformation' als *change agents* agieren und für die Vermittlung der fachlichen Inhalte aus der vielfältigen Möglichkeit digitaler Medien die auf die Lerngruppe sowie das konkrete Thema abgestimmte Methode wählen (vgl. Wanning, 2019, S. 308). Damit diese Idee umgesetzt werden kann und Lehrkräfte eine solche transformierende Aufgabe übernehmen können, müssen die Ausbildung sowie die Ausstattung entsprechend angepasst werden.

Das durch Digitalisierung erzielte Wachstum sowie das weitere Potential von Digitalisierung in Bezug auf ein nachhaltiges Wachstum muss geprüft werden (vgl. von Hauff, 2020, S. 22). Dennoch ist bereits zum aktuellen Zeitpunkt bekannt, dass der Umgang mit Belange der Nachhaltigkeit durch digitale Unterstützung „intergenerationell" (Schmidt-Dietrich, 2020, S. 157) gestaltet werden muss, damit die Erfahrungen der älteren Generationen sowie die innovativen Ideen und Vorstellungen der jüngeren Generationen miteinander vereint werden können.

Die negativen Auswirkungen der Digitalisierung sollten dabei stets mitbedacht und besonders der Reboundeffekt so gering wie möglich gehalten werden. Dennoch ist es möglich, die Risiken des Digitalen durch weitere technische Fortschritte zu begrenzen, wodurch die Potentiale der Digitalisierung in den Vordergrund rücken.

Ein bedeutendes Argument ist, dass „das Verhalten der Menschen […] maßgeblich determiniert, ob Digitalisierung und einzelne Prozesse nachhaltig sind oder nicht" (Schmidt-Dietrich, 2020, S. 155). Demzufolge kann nicht generell von einem kooperativen oder konkurrierenden Verhältnis gesprochen werden. Hierbei wird die „Verantwortung und Bedeutung pädagogischer Vermittlungsarbeit" (Schmidt-Dietrich, 2020, S. 155) deutlich, die vorrangigen Einfluss darauf nimmt, ob und inwiefern Schülerinnen und Schüler das Verständnis für ein *gutes* Leben entwickeln können. Unter der Voraussetzung, dass die Institution Schule Kompetenzen in beiden Bereichen fördert, können gesellschaftliche Werte und Normen bei den Schülerinnen und Schülern verinnerlicht und „zukunftsfähiges Verhalten" (Schmidt-Dietrich, 2020, S. 155) umgesetzt werden. Demzufolge muss Digitalisierung nachhaltig sein und die Zukunftsfähigkeit gewährleisten, da nur so beide Konzepte miteinander verbunden werden können (vgl. Schmidt-Dietrich, 2020, S. 155). Wenn die Zukunftsfähigkeit das oberste Ziel jeglicher Handlungen, sowohl individuellen als auch gesellschaftlichen Ursprungs darstellt, dann kann die Digitalisierung das Erreichen dieses Ziels erheblich unterstützen. Insbesondere dann, wenn die nachhaltige Entwicklung ganzheitlich in Prozesse und

Umgangsweisen eingebunden wird, wie zum Beispiel in politische, wirtschaftliche oder soziale Entscheidungen.

5. Fazit

Das Ziel der Arbeit war es herauszufinden, welche Kompetenzen Schülerinnen und Schüler im Geographieunterricht erlangen müssen, damit sie die Chancen sowie Herausforderungen der Digitalisierung unter Berücksichtigung des Aspekts der Nachhaltigkeit in ihrem Alltag verantwortungsbewusst begegnen können.

Insbesondere wurde die Bedeutung der Etablierung beziehungsweise der Stärkung der Urteilskompetenz deutlich, da Schülerinnen und Schüler dadurch beurteilen und entscheiden können, welcher Weg richtig und gut in Bezug auf eine nachhaltige Entwicklung ist. Neben der Urteilskompetenz ist eine ausgeprägte Sachkompetenz erforderlich, welche deklaratives Faktenwissen beinhaltet und dazu führt, dass Schülerinnen und Schüler ein Verständnis für die unterschiedlichen Themen entwickeln. Die Entwicklung eines inhaltlichen Verständnisses besonders für die Themen digitale Bildung und Bildung für nachhaltige Entwicklung hat einen hohen Stellenwert, da auf Grundlage des generellen Verständnisses die Urteils- und Handlungskompetenz gebildet und gefördert werden kann.

In den Lehrplänen wird die Beurteilung von Auswirkungen sowohl von Digitalisierung als auch von Raumentwicklungen unter dem Aspekt der Nachhaltigkeit innerhalb der Urteilskompetenz häufig aufgeführt. Des Weiteren stellt die eigenständige Erarbeitung von Lösungsvorschlägen für (raumbezogene) Konflikte ebenfalls in beiden Themenkomplexen eine bedeutende Kompetenz dar. Die Beurteilung möglicher Chancen und Risiken unterschiedlicher Entwicklungen sowie Konflikte aus unterschiedlichen Standpunkten bewerten zu können werden in beiden Themenfeldern des Lehrplans ebenfalls im Hinblick auf die Urteilskompetenz formuliert.

Darüber hinaus sind für die beiden Themenbereiche digitale Bildung und Bildung für nachhaltige Entwicklung sowohl das individuelle als auch das gesellschaftliche Lernen sowie die Verantwortung für das eigene Leben und seine gesellschaftliche Rolle von großer Bedeutung.

Die Hausarbeit hat die Bedeutung pädagogischer Arbeit im Bereich der Nachhaltigkeit verdeutlicht und zudem herausgestellt, dass der Einsatz digitaler Medien, Methoden und Geräten die Ausbildung von Kompetenzen fördern kann, da anhand verschiedener Möglichkeiten das erlangte Wissen in konkreten (digitalen) Auseinandersetzungen kritisch handlungsorientiert umgesetzt werden kann. Da heutzutage die technische Ausstattung noch ausbaufähig ist, stellt das Vorantreiben der Digitalisierung als auch eine intensivere Ausbildung der Lehrkräfte in diesem Bereich eine wichtige Aufgabe dar, damit die Potentiale der Digitalisierung, insbesondere im Bereich der Nachhaltigkeit, vollständig ausgeschöpft werden können.

Literaturverzeichnis

Ackeren, I. van / Endberg, Manuela / Locker-Grütjen, Oliver (2020): Chancenausgleich in der Corona-Krise. Die soziale Bildungsschere wieder schließen. In: Die Deutsche Schule 112(2): 245–248.

Blien, U. (2020): Digitalisierung, Arbeitsmarkt und Nachhaltigkeit. In: von Hauff, M./ Reller, A. (Hrsg.): Nachhaltige Digitalisierung – eine noch zu bewältigende Zukunfts- aufgabe, 1. Ausgabe, Wiesbaden: S. 35-48.

Bundesministerium für Bildung und Forschung (Hrsg.): Natürlich. Digital. Nachhaltig. Ein Aktionsplan des BMBF, Online im Internet: https://www.bmbf.de/SharedDocs/Pub- likationen/de/bmbf/pdf/natuerlich-digital-nachhaltig.pdf?__blob=publication- File&v=2 [Stand 30.04.2022].

Bundesministerium für Bildung und Forschung (Hrsg.): Bildung für nachhaltige Ent- wicklung, Online im Internet: https://www.bne-portal.de/bne/de/einstieg/bildungsberei- che/schule/schule.html [Stand 01.05.2022].

Bundesministerium der Justiz. Bundesamt für Justiz (Hrsg): Gesetz für den Ausbau erneuerbarer Energien (Erneuerbare-Energien-Gesetz – EEG 2021), Online im Inter- net: https://www.gesetze-im-internet.de/eeg_2014/BJNR106610014.html [Stand 29.04.2022].

Eickelmann, Birgit, Massek, Corinna, Labusch, Amelie (2019): Erste Ergebnisse der Studie ICILS 2018 für Nordrhein-Westfalen im internationalen Vergleich. Münster, New York: Waxmann.

Engagement Global. (Hrsg): Orientierung gefragt – BNE in einer digitalen Welt, Online im Internet: https://www.engagement-global.de/files/2_Mediathek/Mediathek_EG/An- gebote_A_Z/GES/Diskussionspapier_Orientierung_gefragt_BNE_in_einer_digita- len_Welt.pdf [Stand 30.04.2022].

Hauff, Michale von (2020): Nachhaltigkeit für Deutschland? Klare Antworten aus erster Hand. Köln, Wien, Weimar: Böhlau Verlag.

Ministerium für Schule und Bildung des Landes Nordrhein-Westfalen (Hrsg.): Kernlehrplan für die Sekundarstufe I an Gymnasien in Nordrhein-Westfalen im Fach Geographie. 2019.

Kultusministerkonferenz (Hrsg.): Strategie der Kultusministerkonferenz „Bildung in der digitalen Welt" 2017: Berlin.

Kühnert, T. (Hrsg.): Kleines 3x3: Digitale Bildung und Nachhaltigkeit, Online im Internet: https://www.bpb.de/lernen/digitale-bildung/werkstatt/304879/kleines-3x3-digitale-bildung-und-nachhaltigkeit [Stand 28.04.2022].

Lange, Steffen, Santarius, Tilman (2018): Smarte Grüne Welt? Digitalisierung zwischen Überwachung, Konsum und Nachhaltigkeit. München: oekom Verlag.

National Education Association (Hrsg.): Preparing 21st Century Students for a Global Society. 2012, Online im Internet: https://www.nea.org/assets/docs/A-Guide-to-Four-Cs.pdf [Stand 28.04.2022].

Raworth, K.: A Safe and Just Space for Humanity. Can We Live Within the Doughnut?, Online im Internet: https:// www.oxfam.org/sites/www.oxfam.org/files/dp-a-safe-and-just-space-for-humanity-130212-en.pdf [Stand 02.05.2022].

Schmidt-Dietrich, C. (2020): Nachhaltige Digitalisierung als Herausforderung für das Bildungswesen. In: Fritsch, A., Lischewski, A., Voigt, U. (Hrsg.): Comenius-Jahrbuch, Band 28. Eisingen: S. 139-162.

Stilz, M., Springsguth, J. (2021): Praxisbericht: Bildung, Digitalisierung und Nachhaltigkeit – zum Potential der Arbeitslehre für die allgemeine Lehrkräftebildung. In: Zinn, B., Tenberg, R., Pittich, D. (Hrsg.): Journal of Technical Education, Band 9, Heft 2: 209-228.

Stoltenberg, U., Michelsen, G. (2020): Digitalisierung im Kontext von Bildung für eine nachhaltige Entwicklung. In: Hauff, M. von & Reller, A. (Hrsg.): Nachhaltige Digitalisierung – eine noch zu bewältigende Zukunftsaufgabe, Wiesbaden: S. 49-65.

Unnerstall, Thomas (2021): Faktencheck Nachhaltigkeit. Ökologische Krisen und Ressourcenverbrauch unter der Lupe. Berlin: Springer-Verlag GmbH.

Wanning, B. (2019): Bildungspolitik/Didaktik. In Kluwick, U. & Zemanek, E. (Hrsg.): Nachhaltigkeit interdisziplinär. Konzepte, Diskurse, Praktiken. Ein Kompendium. Wien, Köln, Weimar: S. 295–311.

Wissenschaftlicher Beirat der Bundesregierung Globale Umweltveränderungen (Hrsg.): Hauptgutachten. Unsere gemeinsame digitale Zukunft, Online im Internet: https://www.wbgu.de/de/publikationen/publikation/unsere-gemeinsame-digitale-zukunft [Stand 27.04.2022].